Rinky Dwivedi

Métodos e engenharia de métodos

Rinky Dwivedi

Métodos e engenharia de métodos

ScienciaScripts

Imprint

Cover image: www.ingimage.com

This book is a translation from the original published under ISBN 978-3-659-82808-9.

Publisher:
Sciencia Scripts
is a trademark of
Dodo Books Indian Ocean Ltd. and OmniScriptum S.R.L publishing group

120 High Road, East Finchley, London, N2 9ED, United Kingdom
Str. Armeneasca 28/1, office 1, Chisinau MD-2012, Republic of Moldova, Europe
Managing Directors: Ieva Konstantinova, Victoria Ursu
info@omniscriptum.com

Printed at: see last page
ISBN: 978-620-8-56626-5

ÍNDICE DE CONTEÚDOS

Capítulo 1 2

Capítulo 2 9

Capítulo 3 30

Capítulo 4 35

Capítulo 5 38

Capítulo 1

Métodos e engenharia de métodos

Neste capítulo, serão apresentadas as diferentes definições de métodos e de engenharia de métodos. Segue-se uma breve discussão sobre o processo de engenharia de métodos.

1.1 Importância do método

A utilização de métodos no desenvolvimento de sistemas de informação (DSI) está generalizada, uma vez que proporciona uma forma normalizada e controlada de desenvolver um produto de boa qualidade. Isto é conseguido através de duas caraterísticas significativas

- Forma de trabalhar - Melhor caminho ou rota para construir um novo produto
- Orientação - A escolha da execução de uma nova etapa.

Um método pode acompanhar uma ferramenta de Engenharia de Software Assistida por Computador (CASE) que implementa a disciplina imposta por ele. Assim, aumenta a produtividade do desenvolvimento.

Algumas das definições de Engenharia de Métodos na literatura são as seguintes

(Brinkkemper, 1996): descreveu um método como *"uma abordagem para realizar um projeto de desenvolvimento de sistemas, com base numa forma específica de pensar, constituída por direcções e regras, estruturada de forma sistemática em actividades de desenvolvimento com produtos de desenvolvimento semelhantes".*

(Prakash, 94): propôs um método como *"um conjunto de ferramentas e técnicas, modelos de produtos e processos, diretrizes, listas de verificação, heurísticas, etc., que ajudam um engenheiro de aplicações a construir um produto adequado".*

(Iacovelli et. al., 2008): descreve *"Um método baseia-se em modelos (sistemas de conceitos) e consiste em algumas tarefas/actividades/etapas, que devem ser executadas, em particular, por ordem".*

(Smolander et. al., 1990): Um método é *"um conjunto predefinido e organizado de técnicas e um conjunto de regras que indicam por quem, em que ordem e de que forma as técnicas são utilizadas para atingir ou manter alguns objectivos".*

Há dois aspectos de um método - o aspeto do produto e o aspeto do processo.

1. **Aspeto do produto** - O aspeto do produto fornece caraterísticas para o desenvolvimento do produto e assegura a sua normalização. O modelo do produto define um sistema de conceitos e as suas inter-relações, incluindo as restrições. Exemplos de modelos de produtos são: *diagrama ER, OOA, OMT,* etc. O aspeto do produto fornece:

   A. Caraterísticas funcionais - As caraterísticas funcionais identificam o conjunto de blocos de construção e as regras para os combinar, de modo a que os conceitos complexos possam ser construídos a partir de conceitos mais simples. A estrutura do produto final pode ser criada como uma combinação adequada de conceitos simples e complexos.

   B. Caraterísticas não funcionais - As caraterísticas não funcionais são as restrições de qualidade, algumas das quais são obrigatórias e outras são desejáveis.

   (Prakash, 97) classificou as restrições obrigatórias como

   - *Restrição de consistência:* Se algo é válido, então a oposição não é válida.
   - *Restrição de exaustividade:* Todos os componentes necessários para que o conceito seja bem estruturado são definidos e reunidos. Por exemplo, uma *entidade* num diagrama ER está completa se tiver, pelo menos, *um atributo* e *uma chave primária* associados a ela (Chen, 1976).
   - *Restrição de conformidade:* A utilização do conceito está em conformidade com o modelo do produto. Por exemplo, isso garante que apenas uma *chave primária* seja *anexada* à *entidade* do conceito.
   - *Restrição de fidelidade:* O sistema a ser modelado é representado fielmente no produto. Por exemplo, *a entidade* participa em pelo menos um *relacionamento.*

Os controlos de qualidade e os critérios de qualidade são desejáveis e são definidos como

- *Heurística:* As heurísticas são regras baseadas na experiência que asseguram que a estrutura do produto é confortavelmente compreensível, ex. Em (Coad e Yourdon, 91) não mais de cinco processos no DFD, Maximizar o fan-in do módulo na fase de conceção.
- *Factores de conceção:* Trata-se das caraterísticas de qualidade do produto que o método assume para o seu produto. Por exemplo, em (Coad e Yourdon, 91) os factores de conceção são a coesão e o acoplamento.

2. Aspeto do processo - O aspeto do processo é o percurso que tem de ser seguido para garantir a eficiência do desenvolvimento do produto. Por exemplo, em (Coad e Yourdon, 91) *o DFD deve ser concluído antes do início da construção do projeto.* (Dowson, 98) classificou os Modelos de Processo como:

   A. Modelos orientados para a atividade - Estes modelos ignoram a relação entre a atividade e o produto produzido, por exemplo, o modelo da queda de água.

   B. Modelos orientados para o produto/atividade - Estes modelos consideram o desenvolvimento do produto como transformações sucessivas realizadas no produto pelas atividades. Consequentemente, a relação entre o produto e a atividade é claramente articulada. Por exemplo, o modelo orientado para o ponto de vista (Sommerville, 95).

   C. Modelos orientados para a decisão - Estes modelos incluem decisões de desenvolvimento que causam a transformação do produto. Não são pré-ordenadas, mas tomadas numa situação específica. As escolhas da situação a ser tratada são decididas dinamicamente pelo engenheiro de aplicação. Existe uma relação estreita entre a situação e a decisão que pode ser tomada em função da situação. Por exemplo, o Meta-Modelo Decisional (Prakash, 99).

1.2 Engenharia de métodos

Está agora provado que nenhum método universal se pode aplicar a todos os projectos, uma vez que diferentes projectos têm caraterísticas diferentes (Brooks, 87; Avison, 96; Kumar, 92; Glass 00; Glass04). Para concluir o projeto com perfeição no prazo previsto, é necessário utilizar o método mais adequado de acordo com as caraterísticas específicas do projeto, também conhecidas como situações. O domínio da engenharia de métodos (ME) evoluiu em resposta a esta exigência. As definições de engenharia de métodos amplamente aceites são as seguintes

(Brinkkemper, 1996): Define ME como *"disciplina de engenharia para projetar, construir e adaptar métodos, técnicas e ferramentas para o desenvolvimento de sistemas de informação".*

(Henderson-sellers et. al., 2005): Vê-o como um processo para combinar *"fragmentos separados de métodos, que não são interdependentes ou mesmo interligados para criar um método".*

(Engels et. al., 2010): Define ME como *"Providing a framework for defining and tailoring Information System Development and software engineering methods ".*

(Raylte et. al., 2008): *"Emergiu como a área de investigação e aplicação da utilização de métodos para o desenvolvimento de sistemas de informação e de software".*

(Tuunanen et. al., 2004): Define a EM como *"Métodos e processos para especificar, tornar explícito, codificar e comunicar o conhecimento do método, bem como ferramentas técnicas para implementar esses processos de forma eficaz".*

A base da engenharia de métodos é o **metamodelo subjacente**. Outros factores importantes são a **componente do método, a base do método e as caraterísticas do projeto.**

1.2.1 Meta-modelo

Um metamodelo é um conjunto de "conceitos genéricos" e de relações entre eles. O metamodelo define os princípios comuns subjacentes à conceção do método. Pode ser utilizado para comparar e avaliar métodos. Os metamodelos podem ser divididos em três grandes categorias:

1. Metamodelo de dados: Os metamodelos de dados são os metamodelos de produto e podem modelar apenas o aspeto de produto de um método. Por exemplo, o metamodelo OPRR (Smolander, 1991).

2. Meta-modelo de atividade: O metamodelo de atividade aumenta o metamodelo de produto com a

abordagem orientada para as tarefas do metamodelo de processo. Neste caso, os modelos de produto são instâncias de metamodelos de dados e os aspectos do processo são instâncias do metamodelo de atividade. Por exemplo, o Metamodelo de Fragmentos (Harmsen, 97).

3. Meta-modelo Integrado Produto-Processo: Estes modelos investiram profundamente na importância dos modelos de processo e concluíram que os aspectos de processo e produto dos modelos devem ser acoplados. O acoplamento elimina a dicotomia produto-processo. Os exemplos são o Metamodelo Contextual (Rolland et al., 95) e o Metamodelo Decisional (Prakash, 97: Prakash, 99).

1.2.2 Situações de projeto

T requisitos do método são determinados pelas caraterísticas do projeto, denominadas situações do projeto. (Harmsen e Brinkkemper, 93; Harmsen et al., 94; Rolland e Prakash, 96b). (Slooten e Hodes, 96) propuseram que as necessidades específicas do método fossem identificadas como *factores de contingência* do projeto e restrições a esses factores. Ele identificou dezasseis factores de contingência. Alguns dos factores importantes são o empenho da gestão, a pressão do tempo, a competência, a formalidade, o conhecimento e a experiência, etc. Os métodos específicos do projeto são criados através da recuperação de métodos da base de métodos, de acordo com os factores de contingência ou as caraterísticas do projeto.

1.2.3 Método Base

Os componentes do método são "métodos parciais" - que são reutilizáveis na criação de um novo método. São definidos em conformidade com o metamodelo subjacente e podem ser descritos como *fragmentos* (Harmsen et al., 94), *contextos* (Grosz G. et al., 97: Rolland et al., 98: Raylte e Rolland, 01: Kornyshova et al., 2007), *decisões* (Prakash N., 99), *padrões* (Plihon e Rolland, 95), *etc.* A base de métodos é um repositório de componentes de métodos existentes, aos quais se acede com base nas caraterísticas do projeto. A base de métodos é preenchida sempre que é gerado um novo método específico do projeto.

O processo de recuperação dos componentes do método a partir da base de métodos pode ser descrito resumidamente da seguinte forma: Em primeiro lugar, as situações do projeto são expressas em relação ao esquema do projeto ou aos factores de contingência. Estes são depois utilizados para selecionar os componentes de método adequados da base de métodos, os componentes de método selecionados são depois utilizados para definir um novo método de acordo com o metamodelo. A base de métodos é preenchida com novos componentes de métodos.

Ferramentas CAME

As diferentes actividades da Engenharia de Métodos são apoiadas por uma ferramenta informática denominada *Engenharia de Métodos Assistida por Computador* (CAME). Os investigadores desenvolveram diferentes ferramentas CAME, por exemplo, Decamerone (Harmsen et al., 94; Harmsen et al., 95), MetaEdit (MetaCase, 95), Mentor (Plihon, 96; Si-Said et al., 96), MERU (Gupta e Prakash, 01). As ferramentas fornecem interfaces de fácil utilização para a seleção de fragmentos de métodos, montagem e administração de novos componentes na base de métodos com base na abordagem de engenharia de métodos utilizada.

1.3 Diferentes formas de Engenharia de Métodos

As duas formas importantes de Engenharia de Métodos são:

- Montagem do método
- Geração de métodos

Montagem de métodos - As abordagens baseadas na montagem para a engenharia de métodos assentam numa base de métodos (Ralyte e Rolland, 2001). A partir desta base de métodos, os componentes do método são recuperados de acordo com as caraterísticas do projeto. Os componentes recuperados são depois montados para formar um método específico do projeto. As operações de recuperação e de montagem são efectuadas de acordo com o metamodelo.

Geração de métodos - A geração de métodos gera um novo método a partir do zero. As situações de projeto são utilizadas para instanciar os conceitos subjacentes ao metamodelo e para gerar a especificação do método.

Para evitar a tarefa fastidiosa de instanciação, as abordagens recentes armazenam padrões ou regras genéricos na base de métodos. Não requerem um conhecimento completo do metamodelo para gerar um novo método. Com base nas caraterísticas do projeto, são selecionados padrões genéricos que automatizam a geração do novo método.

Capítulo 2

Propostas anteriores sobre engenharia de métodos

O capítulo explora as propostas anteriores sobre engenharia de métodos, o conceito de configuração de sistemas e a razão para alargar a configuração ao domínio da engenharia de métodos. Por último, serão discutidas as propostas sobre a configuração de métodos; com base nesta discussão, o capítulo aborda os problemas actuais neste domínio e discute a abordagem de solução.

2.1 Abordagens de engenharia de métodos

Esta secção apresentará uma revisão da literatura sobre as propostas de Engenharia de Métodos. O objetivo é reunir os esforços dos vários engenheiros de métodos, resumi-los e conferi-los para mostrar o crescimento global desta disciplina vital.

As primeiras abordagens à engenharia de métodos centravam-se na montagem e na geração de métodos. Mais tarde, a engenharia de métodos foi feita utilizando abordagens centradas na arquitetura. Estas propostas são análogas ao domínio da engenharia de software e têm duas fases - primeiro, forma-se a arquitetura do método situado e, depois, o método é organizado a partir desta arquitetura.

Muito recentemente, a Engenharia de Métodos passou para a Configuração de Métodos para construir um método específico para o projeto. Estes métodos baseiam-se em métodos de base/componentes de métodos que podem ser transformados num método específico para uma determinada situação através do processo de adaptação, extensão ou montagem.

A secção começa com as propostas sobre a montagem e a geração de métodos, passando depois para as propostas sobre abordagens de engenharia de métodos centradas na arquitetura que fornecem um conjunto rico de orientações. A secção analisa ainda as propostas que realizam a engenharia de métodos através da configuração de métodos e conclui com os estudos de casos industriais que mostram a relevância da configuração de métodos no domínio funcional.

2.1.1 Método Abordagens de montagem

O processo de montagem de métodos garante que os métodos formados são coerentes com o metamodelo subjacente. Duas abordagens amplamente aceites para a montagem de métodos são:

1. Abordagem baseada em fragmentos.
2. Abordagem baseada em GOPRR.

1. **Abordagem baseada em fragmentos -** A abordagem baseada em fragmentos para a montagem de métodos é proposta por (Harmsen et al., 94; Harmsen et al., 95; Harmsen, 97). Os meta-conceitos desta abordagem são modelados através do Meta-Modelo de Fragmentos. (Ver figura 1.1).

Meta-modelo de fragmento

O metamodelo de fragmentos descreve o método como uma coleção de fragmentos do produto e do processo e várias relações, tais como *preceder, fazer parte de, exigir, apoiar.* Os fragmentos de produto representam produtos e subprodutos como documentos, modelos e diagramas, etc. Os fragmentos de processos podem ser fases, actividades e tarefas a realizar. Estes fragmentos são ainda classificados como fragmento concetual e fragmento técnico.

Os fragmentos conceptuais representam métodos do domínio do sistema de informação ou partes destes, enquanto os fragmentos técnicos são pormenores de ferramentas para a parte operacional do método.

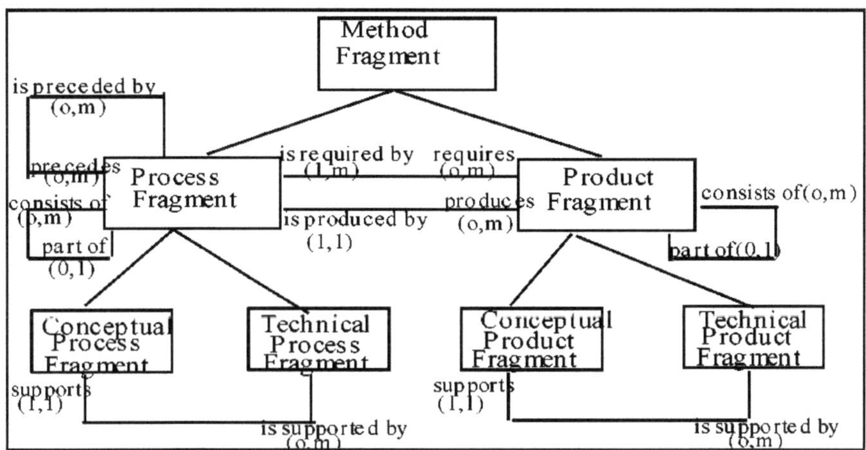

Figura 2.1: - Meta-modelo de fragmento (Harmsen, 97)

Base de métodos: - A base de métodos está estruturada em três partes - *Repositório de Métodos*, que consiste em fragmentos de métodos de uma metodologia já existente. *Repositório de fragmentos de métodos selecionados (SMFR)* que armazena fragmentos de métodos selecionados para montagem e *Repositório de métodos situacionais* que armazena o método situacional montado.

Caraterísticas do projeto: As caraterísticas do projeto ou os requisitos do projeto explicitamente expressos como factores de contingência. Harmsen identifica os factores de contingência como *a cultura da organização, a infraestrutura de informação existente, as caraterísticas da aplicação, os factores externos, os factores técnicos e a experiência de desenvolvimento,* etc. Um exemplo de factores de contingência é a adaptação dos SI, a incorporação de software normalizado, a conversão da base de dados, o tempo médio de resposta, a baixa complexidade e o nível médio de experiência necessário.

O processo - Nesta abordagem, os novos métodos são construídos da seguinte forma:

- Os requisitos do projeto são obtidos como factores de contingência.
- Os fragmentos de métodos adequados são recuperados e selecionados da base de métodos em função de factores de contingência.
- Os fragmentos de métodos recuperados são integrados para formar o método coerente

representado em termos do metamodelo de fragmentos. Há cerca de uma dúzia de regras que verificam a coerência da integração.

Suporte de ferramentas - Com base na abordagem, Harmsen também concebeu uma ferramenta CAME denominada Decamerone. O seu front end fornece as seguintes interfaces:

- Determinação e avaliação do fator de contingência.
- Seleção e montagem do fragmento do método.
- Adaptação de um método específico.
- Administração de novos fragmentos de métodos na base de métodos.

2.1.2 Abordagem baseada em GOPRR

A outra proposta baseada na montagem é a de (Kelly et al. 96). Utiliza o metamodelo GOPRR (ver figura 1.2), que é uma extensão do metamodelo OPRR (Smolander, 1991). O metamodelo OPRR tem quatro metaconceitos: objeto, propriedade, função e relação, sendo que um objeto é uma coisa que existe por si só. A relação é uma associação entre dois ou mais objectos. Uma função especifica a ligação entre o objeto e a relação. A função está *envolvida* na relação e especifica o papel desempenhado por um objeto numa relação. A propriedade é uma caraterística *descritiva* ou qualificativa associada a um objeto, relação ou função.

Metamodelo GOPRR

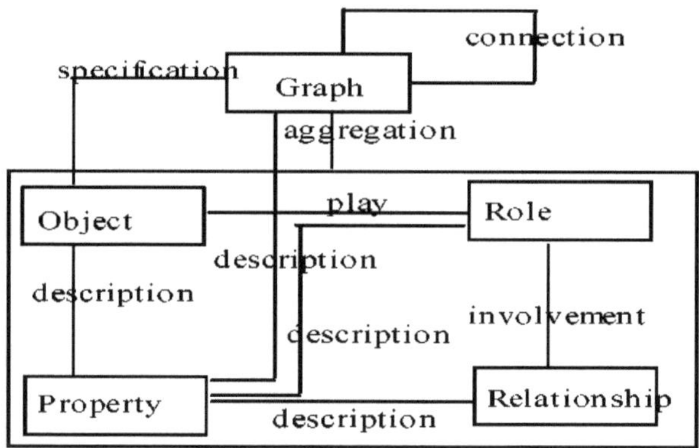

Figura 2.2: - Meta-modelo GOPRR (Kelly et al. 96).

Para além de todos os conceitos anteriores da OPRR, a GOPRR tem um novo conceito de Gráfico. Um gráfico é um conceito agregado para recolher tipos primitivos (objeto, função e relação). Um Graph(s) pode ligar-se a outro Graph.

- Uma relação pode especificar entre um objeto e um gráfico
- As propriedades podem ser descritas como um gráfico.

Os gráficos são utilizados para apoiar a construção de um novo método, recolhendo tipos de gráficos elementares reutilizáveis e expressando-os como uma agregação para formar um novo gráfico. Nesta abordagem, o novo método pode ser definido a partir do zero ou reutilizando os métodos/método já formalizados componentes.

A base de métodos da abordagem GOPRR armazena especificações de métodos representadas como conceitos GOPRR na *base de especificação de objectos (OSB*) e símbolos necessários para representar objectos, relações e funções na parte *da base de especificação de símbolos.* As informações necessárias para representar os objectos nas ferramentas são armazenadas na *base de informações complementares das ferramentas. A base de informações do utilizador* contém informações relacionadas com o utilizador. *A base de* especificações de relatórios contém todos os relatórios e outras especificações de saída.

Caraterísticas do projeto: A abordagem GOPRR reúne as caraterísticas do projeto sob a forma de factores de contingência definidos pela abordagem baseada em fragmentos.

O processo: O processo é o seguinte

- Os componentes do método residem no OSB como conceitos GOPRR.
- A caixa de ferramentas de recuperação é utilizada para recuperar objectos e respectivas instâncias da base de especificação de objectos através dos factores de contingência obtidos.
- Estes conceitos são depois reunidos numa especificação completa do método utilizando o

gráfico.

- O sistema de verificação de consistência incorpora várias regras que garantem a integridade sintáctica e a consistência do método montado.

Suporte de ferramentas: O MetaEdit+ fornece um ambiente que suporta multi-utilizador, multi-forma, multi-ferramenta, multi-método e multi-nível. As várias caraterísticas do ambiente e os seus componentes são geridos pelas *ferramentas de gestão do ambiente*. As outras ferramentas incluem *ferramentas de edição de modelos, ferramentas de recuperação de modelos, ferramentas de ligação e anotação de modelos e ferramentas de gestão de métodos.* O nosso interesse centra-se nas *ferramentas de gestão de métodos.*

***Ferramentas de gestão de métodos* (MMT)**

As ferramentas de gestão de métodos apresentadas na fig.1.3 são uma família de ferramentas que apoiam a construção de métodos, a sua gestão e reutilização. É constituída pelos componentes a seguir descritos.

A. Repositório: É composto por três partes: base de especificações de objectos, base de símbolos e base de especificações do relatório . A base de especificação de objectos é constituída por fragmentos de métodos, que são especificações de métodos em termos de conceitos GOPRR. A base de especificação de símbolos é constituída por símbolos gráficos necessários para representar conceitos de métodos e a base de especificação de relatórios é constituída por todos os outros relatórios e especificações de saída.

B. Sistema *de montagem do método*: Inclui as seguintes ferramentas:

- *Editores de Meta-modelo:* Estes são os editores de Objectos, Propriedades, Funções, Relações e Gráficos. Estes editores podem ser utilizados para criar instâncias de Objeto, Relação de Função, etc. ou reutilizar instâncias existentes na base de métodos.
- *Editor de símbolos:* É um editor utilizado para especificar símbolos para instâncias de metaconceitos.
- *Subsistema de processos:* Consiste num editor de processos e noutras ferramentas

baseadas em formulários para definir o processo de desenvolvimento do sistema de informação (Koskinen, 1996).

- *Sistema de controlo da coerência:* Verifica a exaustividade sintáctica e a coerência do método especificado e analisa-o para detetar especificações contraditórias.
- *Subsistema "métrico" e "estático"*: Fornece um relatório de análise para o método recentemente definido.

C. Sistema *de Geração de* Ambiente: Este sistema de ferramentas é responsável pela entrega da ferramenta CASE, utilizando as definições de métodos obtidas no *Assembly.* É constituído pelos seguintes subsistemas

- *Gerador de ajuda:* É utilizado para gerar ajuda em linha.
- *Gerador do ambiente de suporte do método.* Produz o ficheiro de objectos de método.
- *Gerador de códigos de relatório:* É utilizado para gerar relatórios sobre modelos.

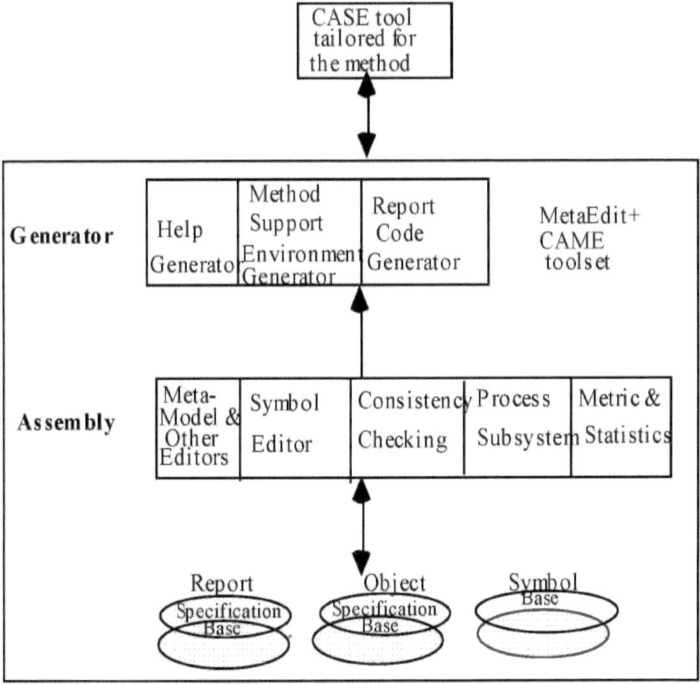

Figura 2.3:- MMT no MetaEdit+ (Kelly et al. 96).

Desvantagens das propostas baseadas na montagem

- A montagem do método é uma tarefa pormenorizada e fastidiosa, uma vez que diferentes componentes selecionados devem ser integrados para formar um método coerente.
- Para a montagem, é necessário um conhecimento completo do metamodelo. Para manter a coerência, o componente do método, juntamente com os novos conceitos, precisa de criar instâncias do meta-modelo utilizado.

2.2 Método Abordagens de geração

As principais propostas nesta categoria são:

1. Abordagem contextual para a geração de métodos.
2. Engenharia de métodos através de regras.

2.2.1 Abordagem contextual para a geração de métodos.

A geração de métodos evoluiu a partir dos problemas causados pela montagem de métodos. Começa com a abordagem contextual proposta por (Rolland C. et al., 95) e, mais tarde, avança para a abordagem mais consistente e genérica proposta para gerar métodos utilizando regras (Gupta, D. e Prakash, N., 01). A abordagem contextual permite gerar um método a partir de um padrão genérico armazenado na base de métodos. Os meta-conceitos da abordagem contextual são apoiados pelo metamodelo subjacente, ou seja, o metamodelo contextual (ver figura 1.4).

Meta-modelo contextual: Neste, um método é representado como uma *coleção de hierarquias de contextos.*

Um contexto é um par ordenado de <situação, decisão>.

Onde, **a Situação** representa o estado do produto e **a Decisão** representa uma intenção ou um Objetivo, a cumprir numa determinada situação.

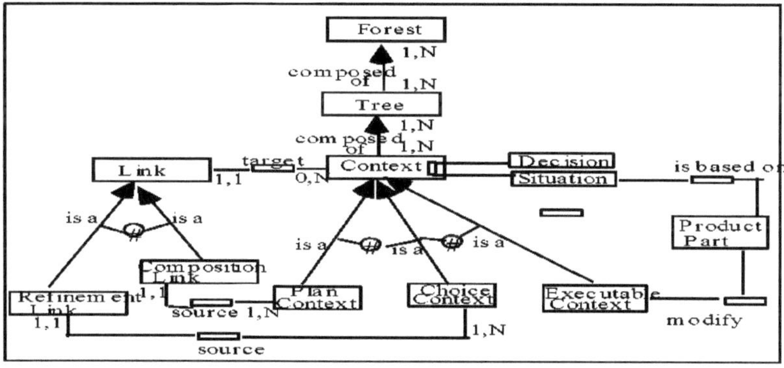

Figura 2.4: - Meta-modelo contextual (Rolland et al., 95).

Os contextos são classificados como - *Escolha, Plano* e *Executável* e estão relacionados através de ligações de *refinamento* e *decomposição* para construir *árvores.* Um nó de uma árvore é um contexto e as arestas da árvore são ligações de refinamento ou decomposição. As árvores podem organizar-se em *florestas.*

Base de métodos: A abordagem contextual armazena padrões genéricos na base de métodos (Rolland et al., 96a) - estes padrões genéricos são representados como contextos para construir o método desejado a partir do zero. A parte da situação dos padrões genéricos representa o produto, enquanto a parte da decisão representa o objetivo do processo.

Existem quatro classes de padrões genéricos*: descrever, construir, refinar e verificar.* Por exemplo, os *padrões de descrição*, quando instanciados para a "classe" do diagrama de classes, exigiriam que o "tipo de dados" e a "operação" que compõem a "classe" fossem retratados em relação ao metamodelo do produto. Assim, a instanciação de padrões genéricos requer a instanciação da parte da situação do contexto.

A Base de Métodos está organizada em dois níveis

- *Nível de conhecimento do método* - Representa partes do método em diferentes níveis de granularidade e diferentes níveis de abstração.
- *Nível de metaconhecimento do método* - Captura o conhecimento associado a um pedaço de método, na base de métodos. Isto ajuda a determinar o contexto da sua utilização.

Caraterísticas do projeto: Os padrões genéricos armazenados na base de métodos são recuperados através da utilização de *descritores (*Rolland e Prakash, 96b). Um descritor é um meta-contexto que descreve um pedaço de método que é relevante para uma situação individual para alcançar uma intenção assertiva. O descritor tem duas classes principais - Área do projeto e Risco e Complexidade do Domínio do Problema. O domínio do problema é ainda classificado em duas partes, o domínio do alvo e o domínio do projeto. Cada uma destas partes é ainda caracterizada pelos factores Tarefa, Estrutura, Actores e Tecnologia. A complexidade é medida como simples, moderada ou elevada. Do mesmo modo, o risco é medido como baixo, moderado e elevado.

O processo: As etapas da criação do método são:

- Identificar as caraterísticas do projeto no contexto dos descritores.

- Recuperar da base de métodos os padrões genéricos correspondentes e selecionar os mais adequados.
- Instanciar a parte da situação do padrão genérico.

Suporte de ferramentas: Mentor (Plihon, 96; Si-Said S. et al., 96) é a ferramenta de apoio CAME para a abordagem proposta . Os seus componentes principais são: -

- *Editores:* Existem dois tipos de redactores: Editor de Produto e Editores de Processo. O editor de produtos fornece caraterísticas gráficas para especificar um produto. Já o editor de processos consiste em serviços para especificar um método na forma contextual.
- *Gerador de métodos:* Automatiza a construção de um método utilizando os padrões genéricos. Uma vez especificado o produto e selecionado o padrão adequado, o seleciona automaticamente as partes do produto e produz a hierarquia de contextos com raiz no padrão.
  - *Navegador:* É utilizado para examinar as partes do produto e os blocos de métodos (componentes) armazenados na base de métodos. Tem duas subcomponentes: Navegador de produtos e Navegador de processos.

2.2.2 Engenharia de métodos através de regras

A outra abordagem para a geração de métodos é apresentada por (Gupta e Prakash, 01). Estes autores propõem a criação de um novo método através de um conjunto de regras genéricas. A proposta baseia-se no Metamodelo Decisional (DM) (Prakash, 97) (ver figura 1.5) e utiliza o Metamodelo de Visualização de Métodos (MVM) (Gupta e Prakash, 01) (ver figura 1.6).

Meta-modelo Decisional

O Metamodelo Decisional classifica os métodos em: transformacional e construtivo. Um método transformacional é utilizado para transformar um produto num outro produto. Em contrapartida, um método construtivo é utilizado sempre que se pretende construir um novo produto. Um método pode ser atómico ou composto. Os métodos atómicos são os que se exprimem exatamente num modelo de produto, enquanto o método composto é composto por outros métodos mais simples. Um método de construção que cria produtos para o modelo ER é atómico, uma vez que o produto é expresso exatamente num modelo. Do mesmo modo, o método de transformação para converter um produto ER num produto relacional é atómico, uma vez que cada um dos produtos é representado exatamente num modelo de produto.

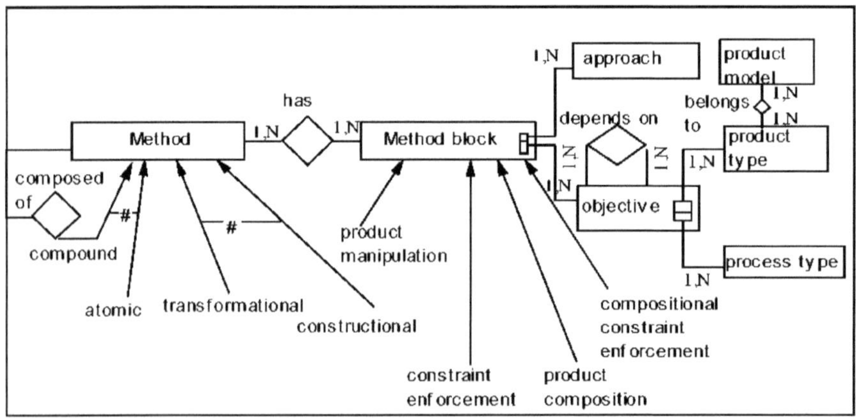

Figura 2.5:- Metamodelo Decisional (Prakash, 97).

Um método é um conjunto de decisões e a decisão é um par de <propósito-abordagem>. Concentraram-se na parte do objetivo do método e ignoraram a abordagem P. Assim, a sua visão do método tem a forma de um tripleto <P, Dep, Ed>, em que P é o conjunto de objectivos de um método, Dep de dependências entre objectivos e Ed é o mecanismo de execução expresso em relação à instanciação.

Método <Finalidade, Dependências, Algoritmo de Execução>.

Meta-modelo de visualização de métodos: O MVM é um metamodelo abstrato a um nível superior ao metamodelo de decisão e não é um metamodelo técnico como o OPRR, o GOPRR e o metamodelo de fragmento. É utilizado para as especificações dos requisitos do método (MRS). As MRS, em termos de MVM, são utilizadas para instanciar o metamodelo de decisão através de um conjunto de regras.

O modelo Meta view contém dois conceitos: *"coisa"*, que especifica os conceitos num modelo de produto, e *"está relacionado com"*, que especifica a relação entre as coisas.

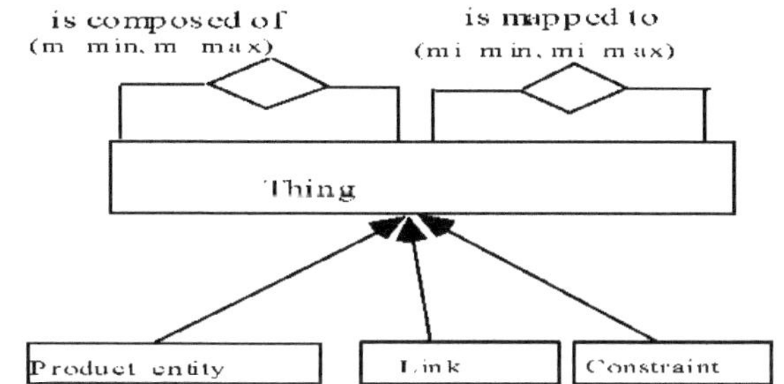

Figura 2.6:- Modelo de visualização do método (Gupta e Prakash, 2001)

Além disso, o metamodelo MVM divide as coisas em entidades de produto, ligação e restrições. Um link é qualquer coisa do produto que conecta duas entidades de produto. Exemplos de links são links de agregação e links de especialização. As restrições são os elementos que podem ser utilizados pelos engenheiros de aplicação para especificar as propriedades das ligações e das entidades do produto. Por último, tudo o que não seja uma ligação ou uma restrição é uma entidade de produto. A relação *está relacionada com a* divisão em duas partes, nomeadamente, *é composta por* e é mapeada para, respetivamente. A primeira diz que as coisas de um modelo de produto são construídas a partir de outras mais simples. Por exemplo, um tipo de entidade do modelo ER é composto por atributos e chaves primárias. O *é mapeado para* relaciona coisas de dois modelos diferentes, por exemplo, um método para transformar o **modelo ER no modelo relacional**, a entidade *coisa* do primeiro é mapeada para a relação *coisa* do segundo.

Base de métodos: - A Base de Métodos está dividida em duas partes: a primeira parte contém o conjunto de regras genéricas para instanciar objectivos e dependências dos MRS. A outra parte contém a componente "método" expressa em termos do metamodelo de decisão, que é reutilizável para gerar um novo método através da alteração do método existente. A alteração do método significa que podem ser acrescentados/eliminados/modificados novos conceitos no método existente. Estes componentes do método estão ligados ao SRM correspondente.

O processo: Há três etapas para a geração de métodos na abordagem:-.

- **Desenvolvimento da MRS** - Com base nas caraterísticas do projeto em termos de descritores (consultar a abordagem contextual), produzir uma Especificação dos Requisitos do Método (MRS) que não seja coerente com o Modelo de Visualização do Método (MVM).
- **Desenvolver a conceção do método**: O MRS é então traduzido numa instanciação da parte do produto do Meta-Modelo Decisional utilizando um algoritmo de instanciação.
- **Construção de um método**: A partir da instanciação acima, os objectivos e as dependências dos métodos são gerados utilizando um conjunto de regras. Este conjunto de regras gera objectivos de diferentes tipos - Ciclo de vida básico, Relacional, Restrições de métodos e Integração.

Suporte de ferramentas: A proposta é automatizada com a ajuda de uma **ferramenta CAME denominada Method Engineering Using Rules (MERU)**. A MERU oferece as seguintes funcionalidades através de diferentes interfaces:

- Para os engenheiros de métodos, o MERU fornece uma interface para compor componentes de especificação de requisitos de métodos inconsistentes com o modelo de visualização de métodos. Além disso, fornece recursos para modificar MRS existentes para modificação de métodos.
- Para os engenheiros de aplicação, produz uma lista de objectivos e dependências entre eles. Isto define a funcionalidade disponível no método. Além disso, são gerados diferentes componentes de métodos que podem ser armazenados na base de métodos.
- Para o gerador CASE, ele produz uma descrição completa do método e do componente de método.

Desvantagens das abordagens de geração de métodos:

A geração de métodos resolve, em grande medida, o problema da instanciação do metamodelo subjacente. No entanto, os engenheiros de métodos enfrentam algumas dificuldades

- A abordagem contextual requer a instanciação da parte situacional do metamodelo contextual. A abordagem decisional requer a instanciação do método em termos de MVM.
- As propostas de geração de métodos e de montagem de métodos não fornecem orientações adequadas ao engenheiro de métodos.

Para facilitar os engenheiros de métodos, há propostas para fornecer um conjunto rico de regras e diretrizes para formar um método coerente. A secção 1.4.3 descreve a principal proposta neste domínio.

2.3 Processo PME baseado na arquitetura.

As propostas baseadas na arquitetura são análogas às propostas de domínio da engenharia de software baseadas na arquitetura. Apresentam a tarefa de engenharia de métodos a realizar de uma forma mais disciplinada e coesa.

As principais propostas que fornecem orientações aos engenheiros de métodos são

1. Abordagem baseada na arquitetura da intenção (MIA).
2. Abordagem de engenharia de métodos centrados na arquitetura (ArCME).

2.3.1 Arquitetura do método baseado na intenção (MIA)

(Prakash e Goyal, 07: Prakash e Goyal, 08) propuseram uma abordagem genérica de engenharia de métodos que pode ser utilizada para conceber métodos no domínio dos sistemas de informação, bem como modelos de processos empresariais. Analogamente à abordagem de desenvolvimento de software, o seu processo consiste em três fases.

O processo

- **Elicitar intenções:**- Esta fase é análoga à abordagem das entrevistas no desenvolvimento de software. Os requisitos são recolhidos sob a forma de intenções (Prakash, et.al 07).

- **Recuperar a arquitetura de um método intencionalmente semelhante:** - A partir do conjunto de arquitecturas, é selecionada e recuperada a arquitetura de um método intencionalmente semelhante. Precisamente, a arquitetura do método é a abstração funcional da classe de organização, e pode haver muitas organizações para uma arquitetura produzida.

- **Organização dos métodos-**: Finalmente, a organização do método é obtida através da organização das caraterísticas do método representadas na arquitetura do método. A organização do método é definida como um gráfico de dependências com blocos de métodos como nós e dependências entre blocos de métodos como arestas.

A arquitetura do método pode ser *atómica* ou *complexa. A arquitetura de método atómica executa* uma função que não pode ser dividida nas suas componentes. No entanto, *a arquitetura* de método *complexa* abstrai uma operação que é constituída por algumas outras *arquitecturas* de método mais simples.

As arquitecturas estão relacionadas entre si através da relação *está relacionada com*. Esta relação institui uma relação sucessor-predecessor entre as arquitecturas complexas; o tipo de ligação é um atributo desta relação e assume um valor do conjunto {IM, IC, DM, DC}. Onde,

IM - Immediate-Must Mode, IC - Immediate-Can Mode, DM - Deferred-Must Mode e DC - Deferred-Can Mode.

O seu meta-modelo de arquitetura de métodos tem duas propriedades principais: *a genericidade e a modularidade*. A genericidade da arquitetura de métodos reside no conjunto de métodos que têm uma funcionalidade comum. Por exemplo, a arquitetura Admitir Alunos, utilizada para admitir alunos, é uma arquitetura de métodos complexa construída a partir de quatro métodos. Admitir Candidato Nacional, Admitir Candidato Internacional, Cobrar Taxa e Registar Estudante, respetivamente. O método Cobrar propina depende da ativação dos métodos Admitir candidato nacional e Admitir candidato internacional. Quando qualquer um destes métodos é ativado, o método Calcular taxas é ativado em modo Deferred-Can (DC). Por outro lado, o registo dos estudantes deve ser efectuado imediatamente após a cobrança das propinas, estando dependente do modo Immediate-Must (Imediato Obrigatório) com a cobrança de propinas (Prakash e Goyal, 08).

A modularidade produz componentes de arquitetura desejáveis para reutilização; qualquer arquitetura de método pode participar como componente de arquitetura em múltiplas arquitecturas e ter, ela própria, zero ou mais componentes de arquitetura.

A investigação centra-se na parte da engenharia de conceção e trata da recuperação da arquitetura a partir do repositório, sendo depois definido um conjunto de operações que podem ser executadas na arquitetura recuperada. Algumas delas são: renomear a arquitetura, aninhar a arquitetura noutra e conceber uma sequência de arquitecturas.

O processo de construção da técnica baseada na MIA é baseado na montagem e a sua estratégia de seleção contínua torna-a a melhor para utilização. Uma organização pode selecionar uma arquitetura e, em seguida, voltar a selecionar a partir de uma lista restrita de arquitecturas selecionadas (como um processo iterativo) até ser selecionada a arquitetura mais adequada. A abordagem MIA é utilizada para representar os ISDM, bem como os BPM, e permite concluir que a MIA é uma abordagem genérica da engenharia de métodos.

2.3.2 Abordagem de engenharia de métodos centrados na arquitetura (ArCME).

A segunda grande proposta é a de (Ahmadi et al.,08; Moaven et.al.08), que propuseram uma abordagem de Engenharia de Métodos Centrada na Arquitetura (ArCME).

A Abordagem de Engenharia de Métodos Centrada na Arquitetura para a Engenharia de Métodos Situacionais baseada na Montagem tem como objetivo realizar processos de ME de uma forma mais disciplinada e coesa. "A ArCME pode ser definida como a ação de realizar processos de ME e assentar os seus componentes numa estrutura de arquitetura". A Fig. 1.7 explica o processo da seguinte forma

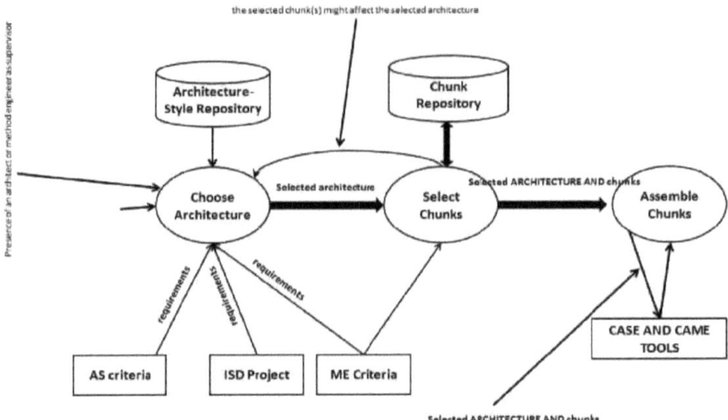

Figura 2.7:- Abordagem de Engenharia do Método Centrado na Arquitetura (Moaven et.al.08).

O processo

- **Obter os requisitos do método como necessidades situacionais**: - No ArCME, os requisitos do método são recolhidos sob a forma de necessidades situacionais. As necessidades específicas dependem de projectos de desenvolvimento de sistemas de informação, princípios de engenharia de métodos, etc.

- **Recuperar a arquitetura do método:** - Analogamente à fase de arquitetura do software desenvolvimento, o ArCME acrescenta uma fase inicial à tarefa de engenharia do método, o que resulta em alguns benefícios como a redução de custos, a facilidade de formação, a simplicidade de utilização, etc. O ArCME está centrado num repositório de arquitetura a partir do qual a arquitetura deve ser selecionada. Com base na arquitetura selecionada, todo o processo de PME é realizado sob a supervisão de um engenheiro de métodos ou de um arquiteto.

- **Recuperar pedaços de métodos:** - O passo seguinte é a seleção dos componentes decompostos. O fragmento de método é um componente decomposto e é definido por (Ralyte, 04) como "Um fragmento é uma combinação de um fragmento de processo (também designado por diretrizes) mais um fragmento de produto".

- **Método de montagem:** - No ArCME, uma vez que a arquitetura é selecionada no início, todas as etapas subsequentes são executadas na arquitetura selecionada. A presença de um quadro estrutural (ou seja, a arquitetura) em cada etapa garante que a PME baseada na montagem seja concluída de uma forma mais fácil e estrutural. Além disso, a arquitetura e os blocos selecionados são depois utilizados como entrada para a ferramenta CAME.

O ArCME fornece um conjunto rico de orientações que resultam numa seleção mais precisa dos componentes e, em seguida, a sua montagem na arquitetura resulta numa diminuição significativa de

- Refinamento de um componente selecionado
- Tempo de adoção da estratégia de agregação
- Decomposição de um componente selecionado
- Estratégia de integração devido à granularidade satisfatória e ao fraco acoplamento dos componentes selecionados.

Estas abordagens ainda carecem de algumas áreas, como a seleção de estilos adequados e a composição adicional destes estilos selecionados, o que resulta na evolução de abordagens mais flexíveis como o OPEN Process Framework (OPF).

2.3.3 Abordagem do quadro de processo aberto (OPF)

À medida que o tempo foi passando, a indústria de software avançou para novas abordagens, como o desenvolvimento de software orientado para os aspectos (AOSD) (Henderson-Sellers et al., 07). A tarefa desafiante para os engenheiros de métodos era identificar componentes decompostos nestas novas abordagens para realizar a sua tarefa. A escolha pode recair sobre quadros flexíveis como o OPF, uma vez que possui um rico repositório de fragmentos de métodos (ou componentes decompostos), o que o torna adequado para gerar métodos específicos para cada situação (Nguyen e

Henderson-Sellers, 03). A Estrutura de Processo OPEN, como mostra a fig. 1.8, consiste em

- Estes fragmentos de métodos são definidos por < empreendimento, língua, produtor, fase, produto de trabalho, unidade de trabalho > e são instâncias do metamodelo subjacente, apoiando assim o princípio básico da engenharia de métodos.
- Orientações de construção para a recuperação de fragmentos.
- Os componentes do método recuperado são então reunidos numa matriz de possibilidades.

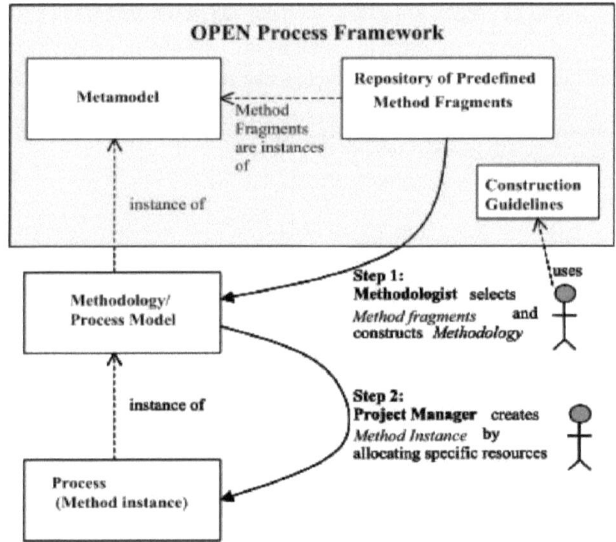

Figura 2.8: - Estrutura do processo OPEN (Henderson-Sellers et al., 07).

A matriz de possibilidades tem sete pares e é utilizada para mapear um fragmento de método com outro fragmento de método . Os sete pares são: Processo-Atividade, Atividade-Tarefa, Tarefa-Técnica, Produtor-Tarefa, Tarefa-Produto de trabalho, Produtor-Produto de trabalho, Produto de trabalho-Linguagem. Estes pares são armazenados numa matriz deôntica. Para calcular a extensão da relação entre dois fragmentos, é calculado um valor deôntico para cada um dos sete pares. Os valores deônticos podem ter um dos cinco valores que variam de obrigatório a opcional e é da responsabilidade do engenheiro de métodos atribuir esses valores.

A estrutura do processo OPEN, devido à sua flexibilidade, está a ganhar popularidade e é agora melhorada para apoiar o desenvolvimento baseado em componentes (Haire et al., 01), a transição organizacional (Glass, 04), o desenvolvimento orientado para os agentes (Debenham e Henderson sellers, 03) e o desenvolvimento Web (Henderson-Sellers *et al,* 02).

Capítulo 3

Configuração do método

(IEEE Std 610.12, 1990) define configuração como "O arranjo de um sistema ou componente de computador, definido pelo número, natureza e interconexões de suas partes constituintes".
A tarefa da configurabilidade consiste, em primeiro lugar, em criar um novo modelo denominado modelo configurável e, em seguida, selecionar os elementos do modelo configurável que são relevantes para as necessidades do utilizador. Os modelos configuráveis utilizam as noções de semelhança e variabilidade.

(Coplien et al., 98) definem **a uniformidade** como uma suposição mantida uniformemente num determinado conjunto de objectos, enquanto **a variabilidade** é uma suposição que é verdadeira apenas para alguns elementos do conjunto.

(Weiss e Lai, 99) define a variabilidade **como** uma suposição sobre "como os membros de uma família podem diferir uns dos outros": Um modelo configurável identifica os pontos comuns e a variabilidade que podem ser explorados no desenvolvimento de um novo sistema a partir do modelo configurável.

(Davenport, 98) descreve o processo de configuração como uma metodologia que permite a uma empresa equilibrar a sua funcionalidade de TI com os requisitos da sua atividade.

(Soffer et al., 03) consideram a configuração como um processo de alinhamento para adaptar o sistema empresarial às necessidades do negócio.

(Moon e Yeom, 05) propõe um método que desenvolve sistematicamente os requisitos utilizando abordagens de semelhança e variabilidade na linha de produtos.

(Karlsson e Agerfalk, 04) introduziram a configuração de métodos no domínio da engenharia de métodos. Segundo ele, *"a configuração de métodos pode ser entendida como uma forma particular de Engenharia de Métodos/Situational Method Engineering que se centra na adaptação de um método de Engenharia de Sistemas Normalizado".*

Esta secção analisa as propostas relativas à configuração de métodos. As propostas no domínio da configuração de métodos são as seguintes

1. Um método para a configuração de métodos (MMC).
2. Componente de método para configuração de método.
3. Famílias de métodos para a configuração de métodos.

3.1 Método para a configuração de métodos (MMC)

O MMC é proposto por (Karlsson e Agerfalk, 04). A abordagem começa com a definição dos requisitos do projeto sob a forma de situações de desenvolvimento e caraterísticas de desenvolvimento, a que se segue a determinação do *Pacote de Configuração e* do *Modelo de Configuração.*

Pacotes de configuração (CP) - Configurar um método de base com base nos requisitos individuais do projeto. **Modelo de configuração (CT)** - Os requisitos individuais do projeto não são suficientes para captar todas as situações de desenvolvimento de um projeto; por conseguinte, é definido o modelo de configuração (CT). O CT suporta múltiplos requisitos de projeto.

Os autores propõem um meta-método denominado MMC - *Method for Method Configuration* para o processo de configuração.

O processo

- O componente do método utilizado no quadro MMC é o método de base. O método de base é configurado por situações de desenvolvimento e caraterísticas utilizadas para obter os requisitos de desenvolvimento do projeto.

- Se existirem muitos requisitos de desenvolvimento, o método configurado é formado pelo modelo de configuração. O modelo de configuração é gerado pela combinação de pacotes de configuração.

- O método configurado é então adaptado pelas situações do projeto para formar o método específico do projeto.

A estrutura do MMC é apresentada na figura 1.9:

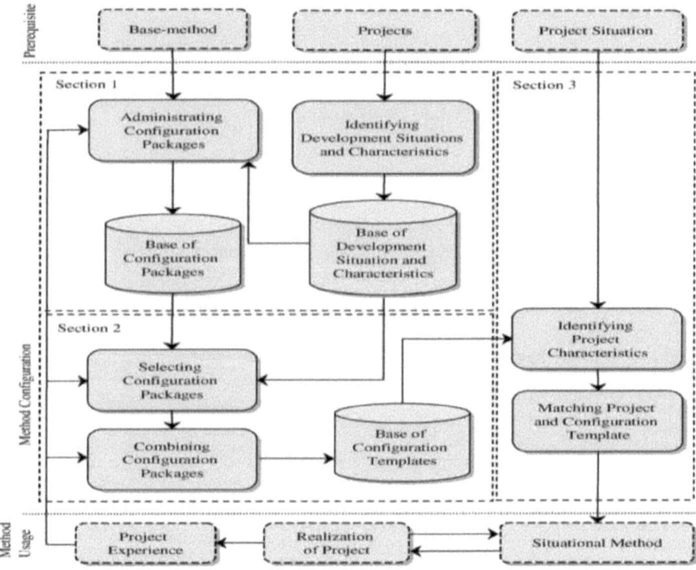

Figura 3.1:- Estrutura do MMC (Karlsson e Agerfalk, 04)

Os critérios de seleção do método de base são externos a esta abordagem. Por conseguinte, questões como *a seleção do método de base* e a *granularidade da componente do método* continuam sem resposta.

3.2 Componente de método para configuração de método

(Wistrand e Karlsson, 04) propõem uma construção concetual para facilitar a tarefa de configuração do método do engenheiro de métodos e designam-na por "componente do método". Estabeleceram formalmente a componente do método como "uma parte autónoma de um método de engenharia de sistemas que exprime o processo de transformação de um ou vários artefactos num objeto-alvo definido e a lógica dessa transformação".

Nesta abordagem, os requisitos do projeto são recolhidos sob a forma de artefactos. Estes artefactos podem receber entradas recomendadas como <pré-requisito> e fornecer <resultado>. Com base nos resultados, são identificados objectivos. Os objectivos identificados são ainda utilizados para configurar os componentes do método, utilizando o seguinte processo

O processo

- **Definir o input/output de um componente de método** - O componente de método consiste em artefactos, cada artefacto tem um valor, seja pré-requisito ou resultado. O pré-requisito é a entrada para o componente de método, enquanto a saída ou os resultados são especificados pelo artefacto de resultado.
- **Definir as operações efectuadas pelo componente de método** - A parte do conteúdo de um componente de método é definida pela vista interna do componente de método. *A vista interna*, como mostra a fig. 1.10, centra-se na parte operacional de um método.

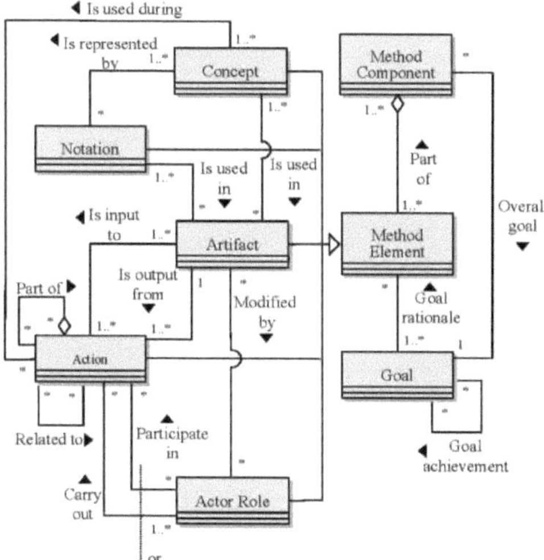

Figura 3.2:- Vista interna de um componente de método (Wistrand e Karlsson, 04).

- Montagem dos componentes do método

Para satisfazer o objetivo global de um método, os componentes do método são combinados para formar métodos específicos para cada situação. A ligação é feita com a visão externa do componente que considera o componente do método como uma caixa negra.

A abordagem da componente de método é certamente um passo em frente no processo de configuração, mas para tornar o processo genérico, a *componente de método tem de ser instanciada com o metamodelo subjacente e, posteriormente, com um modelo genérico*. Anteriormente, o metamodelo genérico foi proposto por (Ralyte et al., 2003: Prakash, 2006).

3.3 Famílias de métodos para a configuração de métodos

(Rolland, 09) propõe a configuração de um método sob a forma de famílias de métodos; estas famílias de métodos são posteriormente apresentadas para formar uma linha de métodos que, em última análise, resulta num método configurado. A proposta não fornece um processo pormenorizado, coerente e genérico para a construção de métodos configurados.

Capítulo 4

Importância prática da configuração do método.

Na literatura analisada, foram encontradas várias propostas em que a configurabilidade se revela como uma ferramenta possível para fornecer soluções práticas a várias indústrias, como a Intel Shannon, a IBM, a Nokia, para formar métodos específicos para cada situação.

4.1 Personalização de métodos Agile na Intel Shannon

(Fitzgerald et al., 06) explora a adaptação de métodos ágeis na Intel Shannon. O resultado da investigação sugere que os métodos ágeis podem melhorar o tempo de entrega e reduzir a densidade de defeitos. Os programadores da Intel Shannon descobriram que os processos ágeis podem, individualmente, ser incompletos para apoiar bem todo o processo de desenvolvimento; para obter a máxima assistência, os seus processos podem ser adaptados. Na investigação, mostraram que o Extreme Programming (XP) é adaptado e que apenas 6 das 12 práticas-chave são utilizadas e combinadas com outro método ágil, ou seja, o Scrum. O XP é particularmente útil para as fases de desenvolvimento técnico (Beck, 99) e o Scrum fornece o processo global de gestão de projectos necessário (Schwaber e Beedle, 2002). Ao configurar e reunir estes dois métodos ágeis mais populares, os programadores tornam o processo de desenvolvimento mais eficiente e organizado.

4.2 Aplicação dos princípios Scrum à gestão de produtos de software

(Vlaanderen et al., 2011) alargou os princípios do método ágil Scrum à gestão de produtos de software, permitindo aos gestores de produtos lidar com requisitos complexos. No Scrum, o produto final é desenvolvido por várias equipas numa série de caixas negras flexíveis denominadas "sprints". Durante estes sprints, não podem ser introduzidos novos requisitos. Na estrutura Scrum (Schwaber e Beedle, 2002), os dois backlogs Product backlog e development sprint backlog desempenham um papel importante. O backlog do produto contém uma lista prioritária de itens relevantes para um determinado produto, uma vez que um requisito tenha sido totalmente especificado, com a aprovação de um desenvolvedor, eles podem ser copiados para backlog do sprint de desenvolvimento para processamento posterior.

A partir da experiência prática, os autores identificaram que os sistemas grandes e complexos requerem um fluxo constante de requisitos elicitados para o bom funcionamento do processo. Para satisfazer este requisito, o Scrum é alargado através da introdução de um Product Management Sprint Backlog (PMSB). O PMSB recebe o input do PB e devolve a definição dos requisitos ao PB. Dentro do PMSB existe uma refinaria de requisitos que refina os requisitos complexos de granularidade grossa a granularidade fina para tratar os requisitos de diferentes granularidades. Posteriormente, as restrições também foram verificadas para garantir a viabilidade e a compatibilidade, sendo estas definições testadas com arquitectos e designers.

4.3 Configurabilidade dos produtos de trabalho

(Cameron, 2002) efectuou uma investigação na IBM e descobriu que os componentes do modelo configurável são definidos como módulos e que estes módulos são posteriormente agrupados para formar vários subconjuntos designados por produtos de trabalho. Para cada produto de trabalho distinto existe um descritor de produto de trabalho (WPD). Os WPD descrevem *"o que é o produto de trabalho, porquê e quando é necessário e como é produzido"*. Estes WPD's encapsulam o conhecimento sobre os produtos de trabalho e são um recurso eficiente de informação. Com base nas informações armazenadas nos WPD, os produtos de trabalho são selecionados para reutilização.

4.4 Métodos Agile personalizados na Nokia Corporation

(Kahkonen, 2004) revela alguns métodos ágeis personalizados que estão a ser implementados na prática para o desenvolvimento de software nas empresas Nokia. O método aplica a teoria da Comunidade de Prática (COP) para analisar e resolver a comunicação e coordenação de várias equipas entre diferentes partes da organização para realizar uma tarefa precisa e direta. Os métodos personalizados utilizados no grupo são:

- *Rapid7:* Trabalha para o processo de elicitação de requisitos, sugerindo que, para uma elicitação rápida de requisitos, as partes interessadas devem ser envolvidas desde as fases iniciais até às fases finais, o que resulta na redução do tempo de calendário utilizado para o desenvolvimento de software.
- *Campo de integração:* Nas abordagens tradicionais, a integração dos componentes era feita por equipas de integração que trabalhavam de forma independente. Mas para tornar o processo ágil, a Nokia Corporation introduz a ideia de organizar campos de integração separados. Nestes campos, as equipas de integração trabalham em coordenação total com a equipa de desenvolvimento para a integração e teste do componente.

A empresa sugeriu a utilização de workshops facilitados em vários domínios do desenvolvimento de software, como no domínio dos requisitos, na gestão da arquitetura, na fase de conceção ou na gestão de projectos. Estes workshops ajudam as várias equipas espalhadas por diferentes partes da organização a realizar a tarefa definida de forma eficaz e eficiente. Encontram-se muitos outros estudos de caso, por exemplo, a adaptação de métodos na Motorola apresentada por (Fitzgerald et al. 2003), (Green P., 2012) descreve a adoção do Scrum na Adobe e (Benefield, 2008) apresenta o efeito da utilização do método ágil na Yahoo.

Capítulo 5

Problema em aberto no terreno e as suas soluções em resumo

A partir da pesquisa bibliográfica nos capítulos anteriores, o livro conclui os seguintes problemas no domínio da engenharia de métodos.

1. As primeiras abordagens à montagem de métodos colocavam uma série de problemas, como (i) a adequação dos componentes do método recuperado, os componentes do método recuperado podem ou não ser considerados adequados para formar o método desejado. (ii) Garantir a coerência da integração ou do processo de montagem.

As abordagens de geração de métodos atenuaram, em certa medida, o problema da instanciação do metamodelo, mas ainda era necessária uma instanciação parcial. Para além disso, não dispunham de orientações adequadas para os engenheiros de métodos. Recentemente, surgiram propostas para fornecer um conjunto rico de diretrizes e abordagens estruturadas para formar um método coerente. Assim, a tarefa de construção de métodos é efectuada de forma mais disciplinada e coesa. No entanto, a questão da adequação da componente do método a selecionar continua sem resposta.

2. As propostas sobre a configuração de métodos estão numa fase inicial e centram-se num único método de base que é configurado para formar um método situado. Isto reduz o âmbito da geração de métodos para cada novo projeto e, consequentemente, diminui a flexibilidade do processo.

Analogamente à configuração do sistema, o modelo de configuração do método tem de ser suficientemente genérico para se especializar numa série de modelos de métodos. Para tal, é necessário abordar questões como: (i) um metamodelo configurável utilizado para modelar os conceitos do método configurado, (ii) o que é um "bom componente" e qual é a "granularidade certa" (iii) a seleção do componente de método adequado (iv) o processo completo de configuração do método para obter o método coerente desejado.

3. Os estudos de casos industriais apresentados na secção anterior mostram que nenhum método ágil único pode ser diretamente aplicável a um determinado projeto. Pode ser necessário adaptá-lo, ajustá-lo ou alargá-lo. Este exige um processo de configuração de métodos em que estes métodos leves possam ser configurados através da adaptação de um método ágil existente ou da sua extensão através da adição de novas práticas ou da combinação de práticas de dois métodos. Também este último método formado deve limitar-se ao princípio da agilidade.

Assim, o **problema abordado** nesta investigação é o seguinte:

Desenvolver um processo de configuração de métodos para criar um método específico para o projeto, que consiste em diferentes actividades, como a adaptação e a extensão.

Durante a investigação, verificou-se também que um grande número de projectos de software falham devido à grande dependência de um paradigma de desenvolvimento de software inadequado. As metodologias de desenvolvimento, sejam elas ágeis ou não ágeis, têm os seus méritos e deméritos.

Assim, é necessário definir alguns critérios que ajudem os programadores de software a selecionar o paradigma de desenvolvimento de software adequado para o projeto em curso.

Por conseguinte, o problema de investigação resume-se agora aos seguintes sub-objectivos:

- Seleção do paradigma metodológico
- Configuração de métodos tradicionais
- Configuração de métodos ágeis
- Extensão de métodos

5.1 Seleção do paradigma metodológico

O primeiro objetivo de investigação da tese é desenvolver um Sistema de Apoio à Decisão que ajude os programadores de software a selecionar o Paradigma de Software apropriado para o projeto em questão. Isto requer um processo para:

- Identificação das caraterísticas do projeto para a seleção do ciclo de vida.

- O impacto da conclusão de cada uma das caraterísticas do projeto acima identificadas na seleção do paradigma.

5.2 Configuração dos métodos tradicionais

O segundo objetivo de investigação da tese é desenvolver um processo de configuração que possa configurar o método específico do projeto a partir dos componentes do método que residem na base de métodos. O problema termina com alguns subproblemas que o trabalho de investigação tratou

- Desenvolver um metamodelo que possa modelar o conceito de método configurado.
- Definir os componentes do método que suportam o atributo de essencialidade.
- Desenvolver um processo de configuração do método para chegar ao método coerente, selecionando a componente do método específica da situação.
- Conceber uma base de métodos.

5.3 Configuração de métodos Agile

O terceiro objetivo de investigação da tese é desenvolver "O processo de seleção de um método ágil adequado e adaptá-lo para formar um método específico para a situação".

Tendo em conta o que precede, a tese investiga a adaptação dos métodos ágeis na prática atual. Especificamente, o objetivo da investigação é

- Definição do modelo de método configurável ágil.
- Definir as caraterísticas da organização para determinar a adequação dos métodos
- Encontrar os métodos mais adequados.
- Fornecer diretrizes para adaptar ainda mais o método mais adequado encontrado.

5.4 Extensão de métodos

A extensão de um método significa equilibrar as necessidades de consistência das empresas com a flexibilidade exigida pelas equipas de projeto. A aplicabilidade do método assim formado será significativamente melhorada em relação aos métodos existentes, porque o método alargado assim formado contém os componentes necessários de um método diferente. Assim, o objetivo final de investigação da tese é "Desenvolver um processo de extensão de método para alargar a metodologia selecionada que adapta as práticas de acordo com os requisitos de outros métodos".

5.5 Abordagem da solução

Esta secção descreve a abordagem de solução que a tese adoptou para atingir os objectivos de investigação acima referidos. Os objectivos supracitados da tese podem ser vistos como compostos por quatro módulos. Estes módulos não são independentes, mas estão relacionados entre si. De seguida, o capítulo apresenta uma breve descrição da abordagem seguida para resolver os problemas dos submódulos.

1. Seleção do paradigma metodológico

A investigação identificou 22 caraterísticas significativas do projeto, como requisitos, equipa de desenvolvimento, utilizadores, tipo de projeto, risco associado, etc., e avaliou o seu impacto no ciclo de vida do desenvolvimento de software. Estas caraterísticas do projeto dependem da situação em causa e variam de projeto para projeto. Por exemplo, o valor do risco envolvido deve ser maior para os sistemas de segurança do que para o software de uso geral. Em seguida, os pesos são atribuídos às caraterísticas identificadas do projeto. Inicialmente, o peso era distribuído manualmente pelo projeto. Mas o processo é muito complicado e exige uma enorme quantidade de cálculos, pelo que, para tornar o processo de previsão mais inteligente, são utilizadas redes neuronais. Na investigação FeedForward Back-Propagation, a rede neural foi considerada adequada para o efeito. A rede neural FeedForward Back-Propagation, com uma camada oculta, foi ajustada para a tarefa, e diferentes valores na camada de saída ajudam a prever o paradigma de desenvolvimento de software.

2. Configuração de métodos tradicionais

A investigação apresenta um processo de configuração de métodos tradicionais. O processo baseia-se num *Meta-Modelo Configurável (MC)* que é obtido através da modificação do Metamodelo Decisional. Como explicado na Secção 1.4.2, o Metamodelo Decisional é uma instanciação do modelo genérico. Do mesmo modo, o metamodelo configurável é também uma instanciação do modelo genérico, uma vez que a configurabilidade é genérica por natureza e pode ser utilizada para configurar uma série de métodos.

O metamodelo configurável é utilizado para concretizar os conceitos de componente de método configurável (CMC). O componente configurável de método tem um atributo *Essencialidade* que pode assumir dois valores : *Comum* ou *Variável*. Comum são os conceitos de método sem os quais um método perderá a sua identidade, enquanto variável é a parte configurável de um método.

O Metamodelo Configurável apoiava a noção de métodos atómicos e compostos e propunha que os componentes de granularidade correta fossem métodos inteiros, quer atómicos quer compostos. Tal deve-se ao facto de esses métodos nos fornecerem o conjunto mais fundamental e coerente de componentes de métodos.

Estes componentes configuráveis do método residem na base do método e a recuperação baseia-se em caraterísticas situacionais determinadas pelas propriedades globais do método.

Finalmente, o método configurado é formado tendo em conta os objectivos dos artefactos escolhidos para o método situado e as dependências que têm de ser satisfeitas na configuração do método.

3. Configuração de métodos ágeis

A tese introduz um processo de *Engenharia de Métodos Ágeis (AME)*, para formar um método específico para cada situação. Na Engenharia de Métodos Ágeis, as situações dos projectos são reunidas sob a forma de requisitos organizacionais. Estes requisitos organizacionais são depois introduzidos no controlador lógico difuso para determinar o peso dos métodos ágeis. Aqui, o termo "peso" refere-se ao grau de aplicabilidade do método para o conjunto especificado de requisitos. Os "métodos com maior peso" ou "métodos mais adequados" são extraídos da base de métodos, sendo estes métodos extraídos configurados para formar um método específico do projeto.

À semelhança da engenharia de métodos tradicionais, a AME também suporta um atributo de essencialidade para os métodos ágeis. Uma vez que estes métodos aderem a um conjunto de práticas, é difícil produzir um modelo genérico para o efeito. Os valores ágeis definidos no manifesto ágil são vistos como definindo "essencialidades" nestes métodos. Além disso, para configurar um método para um projeto ágil, cada projeto é considerado individualmente. Os requisitos funcionais são extraídos dos projectos; estes requisitos dão apoio ao engenheiro de métodos para decidir a "variabilidade dos métodos".

4. Processo de extensão do método

Durante a pesquisa, observou-se que pode haver alguns requisitos que podem não ser cobertos apenas pelo método configurado. Para satisfazer o conjunto completo de requisitos do projeto, o método candidato pode ter de ser alargado a outras práticas de método. A extensão do método responde a esta necessidade; a extensão do método começa a partir da estrutura do processo do método, seguida da seleção dos componentes do método a partir de outros métodos ou da descoberta das práticas que precisam de ser acrescentadas. Finalmente, estes são integrados para formar o método configurado.

Referências

1. Abrahamsson, P., Salo, O., Ronkainen, J. e Warsta, J. (2002). Agile Software Development Methods Review and Analysis. *VIT Publications,* Juhani Warsta, Universidade de Oulu.
2. Agile Manifesto (2001) *Manifesto for Agile Software Development,* [em linha] http://www.agilealliance.org/the-alliance/the-agile-manifesto/ (acedido em 14 de março de 2005).
3. Ahmadi, H., Moaven, S., Rashidi, H. e Habibi, J. (2008). Realização de Engenharia de Métodos Baseados em Conjuntos através de uma Abordagem de Engenharia de Métodos Centrada na Arquitetura. *In Second UKSIM European Symposium on Computer Modelling and Simulation,* IEEE Computer Society, (pp. 181-186).
4. AlMutairi A. M. e Qureshi M. R. J. (2015). A Proposta de Escalonamento dos Papéis em Scrum of Scrums para Grandes Projetos Distribuídos. *In I.J. Tecnologia da Informação e Ciência da Computação,* 08, 68-74.
5. Avison, D. E., (1996). Metodologias de Desenvolvimento de Sistemas de Informação: Uma perspetiva mais alargada. *Em Method Engineering. Principles of Method Construction and Tool Support. Procs. IFIP TC8, WG8.1/8.2 Conferência de Trabalho sobre Engenharia de Métodos, 26-28, Atlanta, EUA, S. Brinkkemper, K. Lyytinen, R.J. Welke, Eds. Chapman & Hall, Londres*, (pp. 263-277).
6. Beck, K. (1999a). Embracing change with extreme programming. *IEEE Computer Society Press,* Vol. 32, No. 10, pp.70-77.
7. Beck, K. (1999b). Extreme programming explained: Embrace change. Reading, Mass, Addison-Wesley.
8. Benefield G. (2008). Implementação do Agile numa grande empresa. *In Proceedings of the 41st Hawaii international conference on system sciences, HICSS,Hawaii,* IEEE computer society, (pp.461-462).
9. Booch G., (1994). *Análise e conceção orientadas para objectos com aplicações.*

Benjamin/Cummings Publishing Company Inc., Redwood City, CA, segunda edição, Rational Method Engine.

10. Brinkkemper, S. (1996). Engenharia de métodos: Engenharia de métodos e ferramentas de desenvolvimento de sistemas de informação. *Tecnologia da Informação e do Software,* 38(4), (pp. 275280).
11. Brooks, F.P. Jr., (1987). No Silver Bullet: Essência e Acidentes da Engenharia de Software. *IEEE Computer* 20(4), 1987, 10-19.
12. Cameron, J., (2002). Processos de desenvolvimento configuráveis. *Communications of the ACM,* 45(3), 72-77.
13. Chen, P. (1976). The Entity-Relationship Model - Toward a Unified View of Data (O Modelo Entidade-Relacionamento - Rumo a uma Visão Unificada dos Dados). *ACM Trans. Database Systems,* 1(1), 9-36.
14. Coad, P. e Yourdon E., (1991). *Object-Oriented Analysis,* 2ª ed., Prentice-Hall, Englewood cliffs, NJ, EUA.
15. Coad, P., LeFebre, E. e DeLuca, J. (2000). *Java Modeling in Color with UML: Enterprise Components and Process,* Prentice Hall, Inc., Upper Saddle River, New Jersey.
16. Cockburn, A. (2000). *Escrevendo casos de uso eficazes. A coleção de cristal para profissionais de software.* Addison-Wesley professionals.
17. Coplien, J., Hoffman, D. e Weiss, D. (1998). Commonality and Variability in Software Engineering. *IEEE Software,* 15(6), 37-45.
18. Davenport T. H. (1998). Putting the enterprise into the enterprise system. *Harvard Business Review,* 76(4).
19. Debenham, J. e Henderson sellers, B. (2003). Conceção de sistemas de processos baseados em agentes - extensão do quadro OPF. *Em V. Plekhanova (eds.), capítulo VIII,* (pp 160190).
20. DeMarco, T., (1978). *Structured Analysis and System Specification,* Yourdon Press, Nova Iorque.

21. Dowson, M., (1998). Iteração no processo de software. *Nos anais do 9th conferência internacional de engenharia de software.*

22. DSDM consoritium, (1997). Dynamic System Development Method, versão 3. Engenharia de Ashford, *consórcio DSDM.*

23. Engels G., Lewerentz, C., Schafer, W., Schurr A. e Westfechtel B., (2010). Gráfico Transformações e engenharia orientada por modelos: Os méritos de Manfred Nagl. *Graph Transformations and Model-Driven Engineering,* Springer, (pp. 1-5).

24. Fitzgerald, B., Russo, N. e O' Kane, T., (2003). Adaptação do método de desenvolvimento de software na Motorola. *Comunicação da ACM,* 46(4), 64-70.

25. Fitzgerald, B., Hartnett, G. e Conboy, K., (2006). Personalizando métodos ágeis para práticas de software na Intel Shannon, *European Journal of Information Systems*, 15(2), 197-210.

26. Fuller A. e Croll P. (2004). Towards a generic model for agile process. *Em Construindo a Infraestrutura para a Economia do Conhecimento,* Springer, (pp 179-185).

27. Glass, R.L., (2000). Process Diversity and a Computing Old Wives'/Husbands' Tale. *IEEE Software,* 17(4), 128-127.

28. Glass, R.L., (2004). Metodologia de correspondência com o domínio do problema. *Communications of the ACM,* 47(5), 19-21.

29. Goldkuhl, G. e Braf, E. (2002). Capacidade Organizacional - constituintes e congruências. *Em Coakes E., Willis D., Clarke S. eds., Knowledge Management in the SocioTechnical World,* Springer, Londres.

30. Goodland, M. e Riha, K., (1999). História da SSADM. *SSADM - uma Introdução.* http://www.dcs.bbk.ac.uk/~steve/1Zsld005.htm.

31. Green, P. (2012). Adoção do Adobe premiere pro scrum Como uma abordagem ágil permitiu o sucesso em um cenário hipercompetitivo. *IEEE 2012,* conferência ágil.

32. Grosz, G., Rolland, C., Schwer, S., Souveyet, C., Plihon, V., Si-Said, S., Ben Achour, C. e Gnaho C. (1997). Modelação e engenharia do processo de engenharia de requisitos: uma visão

geral da abordagem NATURE. *Revista de Engenharia de Requisitos* (2), 115-131.

33. Gupta, D. e Prakash, N. (2001). Métodos de engenharia a partir da especificação dos seus requisitos. *Requirements Engineering Journal,* (6), 135-160.
34. Haire, B., Henderson-Sellers, B. e Lowe, D. (2001). Apoiar o desenvolvimento da Web no processo OPEN: Tarefas adicionais. *In: Actas da 25ª Conferência Internacional Anual de Computadores Software e Aplicações. COMPSAC,* IEEE Computer Society Press, Los Alamitos, CA, EUA, 2001, (pp. 383-389).
35. Harmsen, F. e Brinkkemper S. (1993); Computer Aided Method Engineering based on existing MetaCASE Technology. *In Proceedings of 4th European Workshop on the Next Generation of CASE Tools (NGCT '93),* Sorbonne, Paris, França, Memorandum Informatica, Universidade de Twente, Holanda, (pp. 93-32).
36. Harmsen F., Brinkkemper, S. e Oei, H. (1994). Situational Method Engineering for Information System Project Approaches. *Em Methods and Associated Tools for the Information Systems Life Cycle.* Verrijn-Stuart e Olle (eds.), Elsevier, (pp.169-194).
37. Harmsen A.F., (1997). *Engenharia do Método Situacional.* Moret Ernst & Young.
38. Haungs, J. (2001). *Programação em pares no projeto C3.* Computer 34(2): 118-119.
39. Henderson-Sellers, B., Haire, B. e Lowe, D. (2002). Utilizar as matrizes deônticas da OPEN para o comércio eletrónico. *Engineering Information Systems in the Internet Context,* C. Rolland, S. Brinkkemper, M. Saeki (Eds.), Kluwer Academic Publishers, Boston, EUA, (pp. 9-30).
40. Henderson-Sellers, B., Gonzalez-Perez, C., Serour, M. K. e Firesmith, D. G. (2005). Engenharia de métodos e avaliação de COTS. *ACM SIGSOFT Software Engineering Notes,* 30(4), 1-4.
41. Henderson-Sellers, B., França, B., Georg, G. e Reddy, R. (2007). Uma abordagem de engenharia de métodos para desenvolver processos de modelação orientados para os aspectos com base no quadro de processos OPEN. *Em Information and software technology,* 49 (7) 761-773.

42. Highsmith, J. A. (2000). *Adaptive Software Development: A collaborative approach to managing complex system,* NY, Dorset House Publishing.

43. Hossain E., Bannerman P.L. e Jeffrery R. (2011). Towards an understanding of tailoring scrum in global software development: A Multi- Case study. *Em ICSSP*, EUA.

44. Hunt, J. (2006). Feature driven development. *Agile Software Construction*, Springer, (pp.161-182).

45. lacovelli, A., Carine, S. e Rolland C., (2008). Método como um serviço (MaaS). *In RCIS,* (pp. 371-380).

46. Norma IEEE 610.12 (1990), Glossário de Terminologia de Engenharia de Software da Norma IEEE.

47. Jackson, M. (1982). Software Development as an Engineering Problem. *Angewandte Informatik* 24(2), 96-103.

48. Kahkonen, T. (2004). Métodos ágeis para grandes organizações - construindo comunidades de prática. *Em Proceedings of the Agile Development Conference, ADC*, IEEE Computer Society, (pp.2-11).

49. Karlsson, F. e Âgerfalk, P.J., (2004). Method configuration: adapting to situational characteristics while creating reusable assets. *Tecnologia da Informação e do Software,* Vol. 46 (9), 629-633.

50. Kelly, S., Lyytinen, K., e Rossi, M., (1996). MetaEdit+: Um ambiente CASE e CAME multi-utilizador e multi-ferramenta totalmente configurável. Nos *anais da 8ª Conferência Internacional, CAISE'96, Engenharia Avançada de Sistemas de Informação,* (pp. 1-21).

51. Kornyshova, E., Deneckere, R., e Salinesi, C., (2007). Method Chunks by Multicriteria Techniques: an Extension of the Assembly-based Approach. *In Proceedings of the IFIP WG 8.1 Working Conference,* Genebra, Suíça, Springer, (pp. 64-78).

52. Koskinen, H. (1996). Conceber uma linguagem de modelação de processos múltiplos para modelos de processos flexíveis e aplicáveis num ambiente MetaCASE. *Em Actas do*

7.º Workshop Europeu sobre NGCT, Seltheit, Farshchian (eds), Grécia.

53. Kumar, K. e Welke, R.J. (1992). Methodology Engineering: A Proposal for Situation- Specific Methodology Construction. *Em Challenges and Strategies for Research in Systems Development,* W.W. Cotterman, J.A. Senn, Eds. John Wiley & Sons: Chichester, UK, (pp. 257-269).
54. Lundeburg, M., Goldkuhl, G., e Nilsson, A. (1979). A Systematic Approach to information Systems Development. *Sistemas de Informação,* 4(1), (pp. 1-12).
55. Marca D. e McGowan, C. (1987). Structured Analysis and Design Technique. McGraw-Hill, ISBN 0-07-040235-3.
56. Marcelloni, F. e Akshi, M. (1997). Aplicação de técnicas de lógica difusa no desenvolvimento de software orientado para objectos. *Object-Oriented Technology, LNCS,* 1357, (pp.295298).
57. MetaCase Consulting, (1995). *Manual do Utilizador do MetaEdit Personal 1.2: Customisable CASE Tool to meet your Requirements,* Micro Works, Finlândia.
58. Miller, D. e Lee J. (2001). The people make the process: commitment to employees, decision making and performance. *Journal of Management* (27), 163-189.
59. Moon, M. e Yeom, K., (2005). Uma abordagem para o desenvolvimento de requisitos de domínio como um ativo principal com base na análise de semelhança e variabilidade numa linha de produtos. IEEE *TSE,* 31(7), 551- 569.
60. Nguyen, V.P. e Henderson-Sellers, B. (2003). OPENPC: Uma ferramenta para automatizar aspectos da engenharia de métodos. *Na 16ª Conferência Internacional sobre Engenharia de Software e Sistemas e suas Aplicações,* ICSSEA, Paris, França.
61. Palmer, S.R. e Felsing, J.M. (2002). *A Practical Guide to Feature-Driven- Development,* Prentice- Hall, Upper Saddle River, NJ.
62. Plihon V e Rolland C., (1995). Modeling way-of-working, *In: Proceedings of CASiSE'95,* Springer, Berlin Heildelberg New York.
63. Plihon V. (1996). Um ambiente para a engenharia de métodos. *Tese de doutoramento,*

Universidade de Paris.

64. Prakash, N., (1994). Uma visão processual das metodologias. *Em Advanced Information Systems Engineering (CAiSE-94),* Wijers, Brinkkemper e Wasserman (eds.), Springer Verlag, LNCS 811, (pp. 339-352).

65. Prakash, N., (1997). Para uma definição formal de um método. *Requisitos Engineering Journal,* 2(1), Springer Verlag, Reino Unido, 23-50.

66. Prakash, N., (1999). On method statics and dynamics. *Information Systems Journal*, 24(8), Pergamon press, Londres, 613-637.

67. Prakash, N. (2006). Sobre modelos de métodos genéricos. *Revista de Engenharia de Requisitos,* 11(4), 221-237.

68. Prakash, N. e Goyal, S.B. (2007). Towards a Life Cycle for Method Engineering (Rumo a um ciclo de vida para a engenharia de métodos). *In Proceedings Eleventh International Workshop on Exploring Modeling Methods in Systems Analysis and Design (EMMSAD'07),* (pp. 27-36).

69. Prakash, N., Shrivastav M. e Gupta C. (2007). An Intention Driven Method Engineering Approach. *RCIS 2007,* (pp. 281-288).

70. Prakash, N. e Goyal, S.B. (2008). Arquitetura de métodos para a engenharia de métodos situacionais. *Em RCIS 2008.* (pp. 325-336).

71. Qumer, A. e Henderson-Sellers, B. (2006). Cristalização da agilidade - de volta ao básico. *ICSOFT2,* (pp.121-126).

72. Qumer, A. e Henderson-Sellers, B. (2008a). Uma estrutura para apoiar a avaliação, adoção e melhoria dos métodos ágeis na prática. *The Journal of Systems and Software,* 81(11), 1899-1919.

73. Qumer, A. e Henderson-Sellers, B. (2008b). An evaluation of the degree of agility in six agile methods and its applicability for method engineering, *Information and Software Technology,* (50), 280-295.

74. Ralyte, J., Rolland, C. (2001). Um modelo de processo de montagem para a engenharia de

métodos. *Em Proc.of CAiSE,* LNCS 2068, springer-verlag, Berlim, (pp. 267-283).

75. Ralyte, J; Deneckere, R. e Rolland C., (2003). Para um Modelo Genérico de Engenharia de Métodos Situacional. Engenharia de Métodos. *Proc.of CAiSE, Eder J. & Missikoff M. (eds.)* LNCS 2681, Springer, (pp.95-110).
76. Ralyte, J. (2004). Métodos situacionais para o desenvolvimento de sistemas de informação: Engineering Reusable Method Chunks. *In Proceedings of the International Conference on Information Systems Development (ISD'04),* Vilnius Technika, (pp.271-282).
77. Ralyte, J., Lamielle, X., Arni-Bloch, N. e Leonard M. (2008). Uma estrutura para apoiar a gestão no desenvolvimento de sistemas de informação distribuídos. *RCIS 2008,* (pp. 381-392).
78. Rizwan, M. e Qureshi, J. (2012). Metodologia ágil de desenvolvimento de software para projectos de média e grande dimensão. *IETSoftware,* 6(4), 358-363.
79. Rolland C., Richard, C. (1982). A Metodologia Remora para a Conceção e Gestão de Sistemas de Informação. *Nos anais da conferência IFIP TC8 sobre a análise comparativa das metodologias de conceção de sistemas de informação,* Holanda do Norte.
80. Rolland, C., Souveyet, C. e Moreno, M. (1995). Uma abordagem para definir formas de trabalho. *Information Systems Journal*, 20(4), 337-359.
81. Rolland, C. e Plihon, V. (1996a). Usando pedaços de métodos genéricos para gerar fragmentos de modelos de processos. *In Proceedings of the 2nd International Conference on Requirements Engineering (ICRE),* IEEE Computer Society Press, 1996, pp. 173 - 180.
82. Rolland, C. e Prakash, N. (1996b). A proposal for context-specific method engineering. *Em Method Engineering Principles of Method Construction and Tool Support,* Brinkkemper, Lyytinen e Welke (eds.), Chapman and Hall, (pp. 191-208).
83. Rolland, C., Plihon, V. e Ralyte,J. (1998). Especificando o contexto de reutilização de pedaços de métodos de cenário. *In: B. Pernici, C. Thanos (Eds.), Actas da 10ª Conferência Internacional sobre Engenharia Avançada de Sistemas de Informação (CAISE'98),* Pisa, Itália, LNCS 1413, Springer, pp. 191-218.

84. Rolland, C. (2009). Engenharia de métodos: Towards methods as services. *Software Process Improvement and Practice,* 14(3), 143-164.

85. Ross D.T. e Schoman K.E. (1977). Análise estruturada (SA): Uma linguagem para a comunicação de ideias. *IEEE Transactions on Software Engineering*, SE-3(1).

86. Rumbaugh, J., Blaha, M., Premerlani, W., Eddy, F. e Lorensen, W. (1991). *Object oriented modelling and design,* Prentice Hall International, Englewood cliffs, New Jersey.

87. Scharff, C. e Verma, R. (2010). Scrum para Apoiar Projectos de Desenvolvimento de Aplicações Móveis num Contexto de Aprendizagem Just-in-Time. *In Proceedings of the ICSE Workshop on Cooperative and Human Aspects of Software Engineering.* Cidade do Cabo, África do Sul, (pp. 25-31).

88. Schwaber, K. e Beedle, M. (2002). *Agile Software Development with Scrum,* Nouvelle editions.

89. Si-said, S., Grosz, G. e Rolland, C. (1996). Mentor, um ambiente de engenharia de requisitos assistido por computador. *Em Actas da 8ª Conferência Internacional sobre Engenharia Avançada de Sistemas de Informação (CAISE'96).* LNCS 1080, Springer.

90. Slooten, K. V. e Hodes, B. (1996). Caracterização de projectos de desenvolvimento de SI. *Em Method Engineering: Principles of Method Construction and Tool Support,* S Brinkkemper (Ed.), *etal.,* Chapman and Hall, London, (pp. 29-44).

91. Smolander, K., TaLvanainen, V. e Lyytinen, K. (1987). Como combinar ferramentas e métodos na prática - um estudo de campo. *Em B. Steinholtz, A. Solvberg, e L. Bergman (eds.), Information Systems Engineering.* Berlim, SpringerVerlag, 1987, (pp. 195-214).

92. Smolander, K. (1991). OPRR: Um modelo para modelação de métodos de desenvolvimento de sistemas. *Em Next Generation of CASE Tools,* IOS Press, Amesterdão.

93. Soffer, P., Golany, B. e Dori, D. (2003). Modelação ERP: uma abordagem abrangente. *Sistemas de Informação,* 28(6), 2003.

94. Sommerville I. (1995). *Software Engineering,* Addison Wesley.

95. Moaven S., Habibi, J. e Ahmadi, H. (2008). Towards an Architectural-Centric Approach for

Method Engineering (Rumo a uma abordagem centrada na arquitetura para a engenharia de métodos). *Na conferência IASTED sobre Engenharia de Software,* Áustria, (pp. 74-79).

96. Stapleton, J. (1997). *Método de desenvolvimento de sistemas dinâmicos - o sistema na prática.* Addison Wesley.
97. Tao L., Fan, J., Li, X e Liu, L. Y. (2006). Observability Statement Coverage Based on Dynamic Factored Use-Definition Chains for Functional Verification (Cobertura da Declaração de Observabilidade Baseada em Cadeias Dinâmicas de Definição de Uso Facturadas para Verificação Funcional). *Journal of Electronic Testing.* 22(3), 273-285.
98. Tuunanen, T. e Rossi, M. (2004). Engenharia de um método para a elicitação de requisitos de um público alargado e sua integração no desenvolvimento de software. *In Proceedings of the 37th Hawaii International Conference on System Sciences,* Hawaii, (pp. 1-10).
99. Verheijen, G.M.A. e Bekkum, J., V. (1982). NIAM: um método de análise da informação. *In: T.W. Olle, H.G. Sol e A.A. Verrijn Stuart (Eds.), Information Systems Design Methodologies: A Comparative Review. Actas da conferência CRIS 82.* North-Holland, Amesterdão.
100. Vlaanderen, K., Jansen, S., Brinkkemper, S e Jaspers, E. (2011).The agile requirement refinery: applying SCRUM principles to Software product management. *Tecnologia da Informação e do Software,* 53(1), 58-70.
101. Weiss, D.M. e Lai, C.T.R., (1999). *Engenharia de linha de produtos de software: A Family based Sofwtare development Process,* Addison Wesley.
102. Wistrand, K. e Karlsson, F. (2004). Componentes do método - a lógica revelada. *Na 16ª Conferência Internacional de Engenharia de Sistemas de Informação Avançados, CAiSE,* Actas, Springer-Verlag, Berlim, LNCS 3084, (pp.189-201).
103. Yourdon, E., (1989). *Modern Structured Analysis,* Prentice-Hall, Londres.
104. Zhang, D. (2003). Aprendizagem automática e engenharia de software. *Software Quality Journal,* 11(2), 87-119.

Printed by Books on Demand GmbH, Norderstedt / Germany

Marcação de ágı
entrelaçament